Sitzungsberichte
der Akademie der Wissenschaften
der DDR
Mathematik – Naturwissenschaften – Technik

9 N

1981

S. Röbert / S. Reuß

Lebensdauer und Wiederverwendung von Baustoffen

AKADEMIE-VERLAG · BERLIN

Sitzungsberichte
der Akademie der Wissenschaften
der DDR
Mathematik — Naturwissenschaften — Technik

Jahrgang 1981 · Nr. 9/N

S. Röbert/S. Reuß

Lebensdauer und Wiederverwendung von Baustoffen

AKADEMIE-VERLAG · Berlin
1981

Vorträge gehalten in der gemeinsamen Sitzung
der Klasse Werkstofforschung der AdW der DDR
und des Instituts für Baustoffe der Bauakademie der DDR
am 6. März 1980

Herausgegeben im Auftrage
des Präsidenten der Akademie
der Wissenschaften der DDR
von Vizepräsident Prof. Dr. Heinrich Scheel

ISSN 0138—3956
Erschienen im Akademie-Verlag, DDR-1080 Berlin, Leipziger Str. 3—4

Lizenznummer: 202 · 100/75/81
Gesamtherstellung: VEB Druckhaus Köthen
Bestellnummer: 762 977 0 (2010/81/9/N) · LSV 3725
Printed in GDR
DDR 3,– M

Inhalt

S. Röbert

Beton als Hauptbaustoff und Sekundärrohstoff

1. Der Zementbeton als Hauptbaustoff

Beton ist ein Verbundbaustoff, genauer gesagt ein Gemengeverbundbaustoff. Vom Bildungsprinzip her handelt es sich um eine Kittstoff-Füllstoff-Wirkstoff-Kombination. Der Verbundbaustoff Zementbeton bildet die Matrix für die Verbundbaustoffe 2. Ordnung Stahl- und Spannbeton, bei denen sich die günstigen Eigenschaften des Stahles bezüglich Verformung und Festigkeit mit denen des gefügedichten Zementbetons bezüglich Festigkeit, Korrosionsschutz und Beständigkeit in vorzüglicher Weise kombinieren [1].

Die hohe materialökonomische Effektivität des Zementbetons ergibt sich auf Grund der Anwendung von Füllstoffen. Während z. B. bei der Verfestigung von Keramik und Glas die gesamte Stoffmenge einem Hochtemperaturprozeß unterzogen werden muß, beschränkt sich dies beim Zementbeton auf den Zement, d. h. auf den $(1 + k/z)$-ten Teil der Trockenmenge, wobei k die Zuschlagstoff- und z die Zementmenge bezeichnet.

Es gibt sowohl zu dem Gemengeverbundbaustoff Zementbeton als auch zu den Bewehrungsverbundbaustoffen Stahl- und Spannbeton keine echten Alternativen. Diese Verbundbaustoffe werden ganz sicher auch weit über das Jahr 2000 hinaus für die Bautechnik bestimmend sein. Auch wenn es gelungen sein wird, die Kerntechnik für die Befriedigung unseres noch immer stark steigenden Energiebedarfes stärker nutzbar zu machen, wird sich daran nichts grundsätzlich ändern.

Die Zementproduktion im Weltmaßstab betrug im Jahre 1938 rd. 80 Mio t/a und beträgt gegenwärtig rd. 800 Mio t/a. Mit den rd. 800 Mio t Zement pro Jahr ergibt sich bei einem Mischungsverhältnis $\mu = k/z =$ rd. 4 i. M. eine Betonmenge von rd. 4 Mrd. t/a. Kein anderer Werkstoff wird in solchen Mengen produziert. Technizistisch ergibt sich der Eindruck, daß wir in der „modernen Steinzeit" leben, weil der Hauptbaustoff Beton in einem so starken Maße Anwendung findet.

Es verwundert deshalb, warum der Gemenge- und Verfestigungstheorie der Betone nicht mehr Aufmerksamkeit im Bereich der Festkörperphysik geschenkt wird. Die heute in Gebrauch befindlichen begrifflichen Mittel der Betonsynthese sind seit den Anfängen der wissenschaftlichen Zementbetonsynthese von vor rd. 90 bzw. rd. 60 Jahren (Feret 1891 [2] und Duff A. Abrams 1918 [3] kaum wesentlich weiterentwickelt worden [4, 5].

Der Anteil der Zementproduktion an der Werkstoffproduktion beträgt bei den technisch entwickelten Ländern nach SCHWABE [6] rd. 20% (siehe Tabelle 1). Er wird naturgemäß nur von dem Anteil an Erd- und Gesteinsbaustoffen überboten. Für die DDR ergeben sich analoge Entwicklungstendenzen. Die Zementproduktion der DDR betrug im Jahre 1955 rd. 3 Mio t/a und beträgt gegenwärtig über 12 Mio t/a.

Tabelle 1 Werkstoffeinsatz in den Industrieländern (nach SCHWABE [6])

Werkstoffgruppen	Mengenanteile in Masse-%
Metallische Werkstoffe	10,5
Nichtmetallisch-anorganische Werkstoffe (davon Zement rd. 20% absolut; 1974 740 Mio t/a)	85,0
Organische Werkstoffe	4,5

Andere Betonarten stehen mengenmäßig hinter dem Zementbeton weit zurück. Der Einsatz solcher material-ökonomisch und technologisch an sich interessanter Kittstoffe wie Wasserglas, Gips und Anhydrit ist kaum erweiterungsfähig, weil sie keine hydraulische Verfestigungen ergeben. Der Bitumenbeton muß gegenwärtig ebenfalls in großem Umfange mit Zementbeton substituiert werden, weil das Erdöl immer knapper wird.

In der großtechnischen Erprobung befindet sich gegenwärtig der gefügedichte Kalksand- bzw. Silikatbeton, der die Möglichkeit bieten kann, den naturnotwendigen Veränderungen bei der Bereitstellung von Sand, Kiessand und Kies Rechnung zu tragen. Das immer geringer werdende Kiesaufkommen zwingt uns, grobes Füllkorn in der Form von Splitt zu produzieren. Dabei entstehen relativ große Mengen Brechsand bzw. Brechsand-Splitt-Gemische, die bislang wenigstens teilweise in den Bitumenbeton eingingen, jetzt aber zum größten Teil auf Halde gehen. Dies ist Ausdruck des an sich widersinnigen Vorgehens bei der Betonherstellung, indem Naturgestein zunächst zerkleinert und danach wieder verfestigt wird.

Nur weniges von dem, was wir mit Beton bauen, ist für sehr lange Zeiten bestimmt. Das meiste erfordert die übliche Erneuerung. Das Beispiel der Betonstraßen macht dies für jeden deutlich erkennbar. Die Nutzungsdauer ist z. T. extrem niedrig, z. B. in der chemischen Industrie und in der Landwirtschaft. In nicht zu ferner Zeit werden die riesigen Produktionsmengen an Zementbeton eine umfangreiche Aufarbeitung und Wiederverwendung von Altbeton erforderlich machen. Den dabei entstehenden Problemen sind die folgenden Betrachtungen gewidmet.

2. *Erfahrungen der Wiederverwendung von Altbeton*

Eine in gewisser Weise analoge Aufgabenstellung zur Wiederverwendung von Altbeton hatte sich am Ende des zweiten Weltkrieges im Zusammenhang mit dem

Ziegelsplittbeton aus Mauerwerkstrümmern ergeben. Dazu liegt eine umfassende Arbeit von CHARISIUS, DRECHSEL, u. HUMMEL, [7] vor.

Erste Arbeiten zur Thematik „Recycled Concrete" bezüglich Zementbeton erschienen Anfang der 70er Jahre d. Jh.[1]: 1973: BUCK [8], 1974: DUTRON [9]. 1976: MALHOTRA [10], 1977: FRONDISTOV-YANNES [11] und 1978/79: SCHULZ [12, 13].

Die Wiederverwendung von Gußasphalt-Aufbruch regelt der Teil 2 der „Richtlinie für die bituminösen Straßenbauweisen" — „Deckschichten aus Gußasphalt".

Für die Zementbetone ergaben sich etwa die folgenden Befunde [14].

1. Zuschlagstoffe aus gebrochenem Altbeton erhöhen den Zementleimbedarf!
2. Deshalb sollen nur Grobzuschläge wiederverwendet werden!
3. Zuschlagstoffe aus gebrochenem Altbeton sind vorzunässen!
4. Die Druckfestigkeiten verringern sich etwa um 10%!
5. Die E-Moduli verringern sich ebenfalls und zwar um rd. 15 bis 20%!

Im Falle der Wiederverwendung von Gußasphalt darf der Anteil Aufbruchmaterial maximal 20 Masse-% betragen.

3. Ableitung aktueller Aufgabenstellungen für die wissenschaftliche Betonsynthese im Hinblick auf die Wiederverwendung des gefügedichten Zementbetons

Die Wiederverwendungsfähigkeit von Grobkorn aus Altbeton läßt sich am sichersten beurteilen. Gebrochenes Grobkorn aus Altbeton wurde als Zuschlagstoff für eine Wiederverwendung als geeignet befunden. Zu den Wasser- und Zementansprüchen der groben Zuschlagstoffe sind noch genauere Untersuchungen durchzuführen. Ansonsten ergeben sich kaum besondere Probleme.

Die Wiederverwendbarkeit von Fein- und Feinstkorn aus Altbeton ist weit schwieriger zu beurteilen. Im Sandkornbereich (< 2 mm) erhöht das Brechgut sicher den Zementanspruch. Dies ist nachteilig. Inwieweit Brechfeinstsand als Mehlkorn ($< 0{,}25$ mm) effektiv eingesetzt werden kann, ist fraglich. Für den sog. Mehlkorngehalt gefügedichter Zementbetone werden Mindestmengen gefordert. Wie problematisch solche Forderungen sein können, zeigten neuere Untersuchungen von HOEHNKE [15]. Bei diesen Versuchen mit gefügedichten Zementbetonen gleicher Verdichtbarkeit auf einem Rütteltisch, mit einem Größtkorn von 16 mm, und gleicher Korngrößenverteilung im Korngrößenbereich von 0,25 bis 16 mm (mittlere Sieblinie zwischen den Regelsieblinien A 16 und B 16), aber extrem unterschiedlichen Korngrößenverteilungen für die 5,5% Körnungsanteile 0 bis 0,25 mm ergaben sich Differenzen bezüglich der bezogenen Zementmenge von rd. 200 kg/m^3!

Wenn ein Teil des Zementes durch einen geeigneten zementfeinen Zumahlstoff ersetzt wird, kann sich bei Betonen mit feinteilarmen Zuschlagstoffen gegenüber dem Beton mit reinem Zement, gleiche Verdichtbarkeit auf einem Rütteltisch vorausgesetzt,

[1] Nach einem Diskussionsbeitrag von Dr. Zwilling erfolgt im Moskauer Häuserwerk die industrielle Altbetonverwertung bereits seit einiger Zeit.

a) das Mischungsverhältnis $\mu = k/z$ erheblich vergrößern und
b) eine höhere Festigkeit ergeben als nach dem reinen Wasser-Zement-Wert zu erwarten ist.

Diese Vergrößerung von μ kennzeichnet den sog. A-Effekt (A von der Regelsieblinie A abgeleitet!). Er wurde in Vergleichsversuchen mit einem reinen Portlandzement (PZ 4/450) und einem Portlandzement mit Zumahlstoff (PZ 7/375), der durch eine Zugabe von 20% getrennt gemahlener Kupferschlacke erhalten worden war, von Standelmann [16] gefunden und ermöglicht eine wesentliche Verringerung der bezogenen Bindemittelmenge, im vorliegenden Falle um rd. 80 kg/m^3 für den Wasser-Zement-Wert $\omega = w/z = 0{,}4$. Abbildung 1 veranschaulicht diesen Sachverhalt in schematischer Weise.

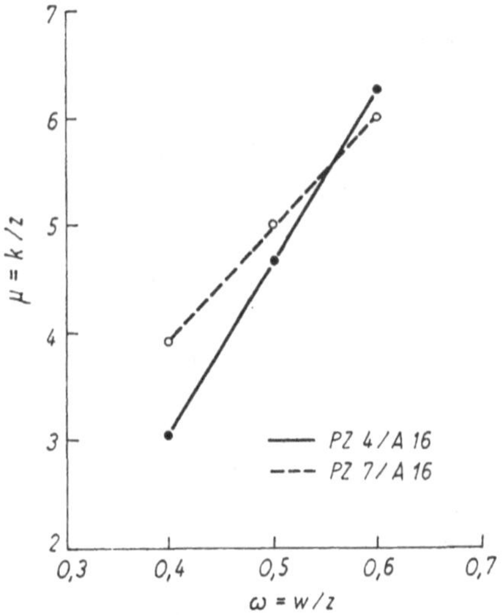

Abb. 1 Die Gemengegeraden (Regelsieblinie A 16 mit den beiden Zementen PZ 4 und PZ 7/A-Effekt)

In Fortsetzungsversuchen konnte gezeigt werden, daß der A-Effekt zumindest bis zu einer Zusatzstoffmenge von 60% zunehmen bzw. noch immer positiv sein kann. Erklärbar ist er offenbar mit einem gegenüber dem Zement verringerten Wasseranspruch des Zumahlstoffes.

Mit zunehmender Zumahlstoffmenge nimmt die Bindemittelfestigkeit selbstverständlich ab.

Neben der bereits beschriebenen Vergrößerung des Mischungsverhältnisses μ im Falle eines Portlandzementes mit Zumahlstoff bei einem feinteilarmen Zuschlagstoff und bei einem kleinen Wasser-Zement-Wert kann sich, unter den gleichen Bedingungen auch eine relative Festigkeitserhöhung gegenüber dem reinen Portlandzement ergeben. Abbildung 2 veranschaulicht diesen Sachverhalt schematisch. In dieser relativen Festigkeitserhöhung äußert sich der sog. R-Effekt (R von Resistenz!). Er besteht in der Konvergenz der Festigkeitskennlinien R über ω im Bereich der kleinen ω-Werte und wurde bei den bereits beschriebenen Versuchen von STADELMANN [16] gefunden.

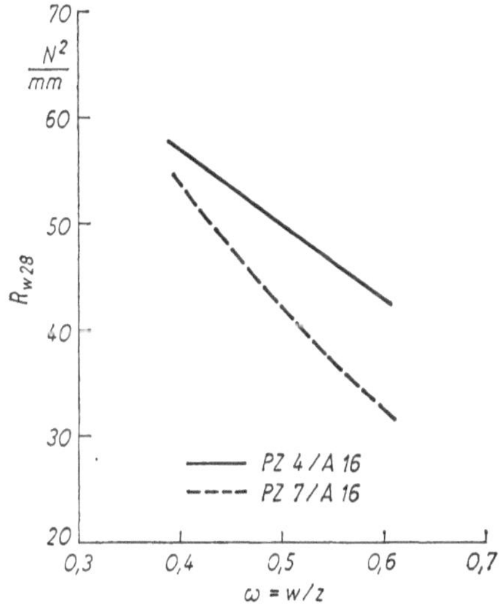

Abb. 2 Die Festigkeitskennlinien (Regelsieblinie A 16 mit den beiden Zementen PZ 4 und PZ 7/R-Effekt)

Bei kleinen ω-Werten sinkt die Festigkeit vergleichsweise weniger ab als bei großen. Dies erhöht die Effektivität der untersuchten Zumahlstoffe in diesem Bereich. An der Erklärung der A- und R-Effekte wird gegenwärtig noch gearbeitet.

Auf Grund der A- und R-Effekte ergaben sich z. B. für einen Beton der Festigkeitsklasse BK 35 die folgenden Auswirkungen. Der Einsatz von 80 kg/m³ Kupferschlacke als Zementzumahlstoff führte zu einer Einsparung von 55 kg/m³ Zementklinker.

4. *Schlußfolgerungen*

1. Die Wiederverwendung von Stahl- und Spannbeton erfordert i. d. R. zunächst einmal praktikable Lösungen für die Wiedergewinnung der Bewehrungsstähle. Gegenwärtig fehlen solche Lösungen noch.
2. Für die aus Altbeton gewinnbaren Splitt- und Brechsandgekörne sind weitere und genauere Messungen bezüglich der Wasser- und Zementansprüche durchzuführen.
3. Weiterhin erscheinen Untersuchungen zur Eignung des Zementsteines aus Altbeton für die Wiederverwendung als Betonzusatzstoff als empfehlenswert.

Literatur

[1] Autorenkollektiv: Systematische Baustofflehre, Band 1: Grundlagen, 3. Aufl., VEB Verlag für Bauwesen Berlin 1978.

[2] Feret, R.: Sur la Compacité des Mortiers Hydrauliques. Annales des Ponts et Chaussées, Nr. 21, Paris 1892 (Boulogne, le 17 septembre 1891).

[3] Abrams, Duff A.: Design of concrete mixtures. Structurel Materials Research Laboratory, Bulletin 1, Chicago 1918.

[4] Röbert, S.: Grundlagen der wissenschaftlichen Betonsynthese von Feret aus dem Jahre 1891. Vortrag zur 3. Internationalen Baustoff- und Silikattagung, Weimar 1968. Tagungsbericht Sektion 3, S. 27—29.

[5] Röbert, S.: 50 Jahre Duff A. Abrams: Design of Concrete Mixtures. Vortrag zur 3. Internationalen Baustoff- und Silikattagung, Weimar 1968. Tagungsbericht Sektion 3, S. 30—39.

[6] Schwabe, K.: Umweltschutz und Rohstoffprobleme. Wissenschaft und Fortschritt, 24 (1974) 4, S. 146—150.

[7] Charisius, K., Drechsel, W. u. Hummel, A.: Ziegelsplittbeton — Festigkeitseigenschaften in Abhängigkeit von der Betonzusammensetzung. Deutscher Ausschuß für Stahlbeton, H. 110, Verlag W. Ernst & Sohn, Berlin 1952.

[8] Buck, A. D.: Recycled Concrete. Highway Research Record, Nr. 430, 1973, S. 1—8.

[9] Dutron, P.: Mise au point d'une composition de béton de référence pour recherches et essais en laboratoire. Materiaux et constructions, Vol. 7, No. 39, 1974, S. 207—224.

[10] Malhotra, V. M.: Use of Recycled as a New Aggregate Proc. of Symposium, Energy and Resource Conservation in the Cement and Concrete Industry, Canmet Report No. 76—8, Ottawa, 1976.

[11] Frondistov-Yannes, S.: Waste Concrete as Aggregate for New Concrete. ACJ-Journal (1977), S. 373—376.

[12] Schulz, R.-R.: Recycling von Beton. Betonwerk + Fertigteil-Technik (1978), H. 9, S. 492—497.

[13] Schulz, R.-R.: Wiederverwendung von altem Beton als Zuschlag für neuen Beton. Vortrag zur 7. Internationalen Baustoff- und Silikattagung, Weimar 1979, Tagungsbericht Sektion 1, S. 59—64.

[14] Schulz, R.-R.: Wiederverwendung von altem Beton als Zuschlag für neuen Beton. Mitteilung des Institutes für Bauforschung der Rheinisch-westfälischen Technischen Hochschule Aachen 1979, S. 120—125.

[15] Hoehnke, R.: Untersuchungen zur Optimierung des Zementanspruches der Betonsande und Betonkiessande. Diplomarbeit HAB Weimar 1979/80.

[16] Röbert, S., Lisiecki, K.-H., Stadelmann, B., Wolff, G.: Stofflich-verfahrenstechnische Zementbetonentwicklung. Teilaufgabe: Zement-Zumahlstoffe; Forschungsbericht HAB Weimar, WB Vorfertigung, 1979.

S. Reuß

Alterung von Kunststoffen

0. Einleitung

Polymere in Form von Halbzeugen und Harzen haben in den vergangenen 25 Jahren im Bauwesen der DDR zunehmend an Bedeutung gewonnen. Das sollen nur wenige Zahlen unterstreichen. Insgesamt stieg der Verbrauch von 20 kt im Jahre 1955 auf ca. 80–85 kt im Jahre 1979. Anstrichstoffe sind hier nicht eingerechnet. Thermoplaste sind am Gesamtverbrauch des Bauwesens mit etwa 75% und Gieß- und Klebharze mit ca. 20% beteiligt. Obwohl die Polymeren wertmäßig nur etwa 3% des gesamten Baustoffverbrauchs z. Z. ausmachen, kommt ihnen doch recht erhebliche Bedeutung zu, besonders weil sie grundsätzlich zum leichten ökonomischen Bauen beitragen und spezielle Bauaufgaben lösen helfen, die ohne sie nicht realisierbar wären. Im Rahmen dieser Aufgaben werden in recht beachtlichem Umfange solche Anforderungen an die Polymerbaustoffe gestellt, die umfassende Kenntnis des Langzeitverhaltens unter Freibewitterungsbedingungen und unter Einwirkung chemischer Substanzen sowie, meist gleichzeitig, physikalischer Vorgänge verlangen. Anwendungsbezogene Forschungen auf diesen Gebieten gehören seit vielen Jahren zur Aufgabenstellung der Abteilung Kunststoffe des Institutes für Baustoffe der Bauakademie der DDR.

Die Rohstoffbasis und die vorgesehene Entwicklung des Aufkommens an Kunststoffen erfordern, die Kunststoffanwendung im Bauwesen auf die Gebiete zu lenken, die eine höchstmögliche Ausnutzung der Gebrauchswerteigenschaften und des niedrigsten spezifischen Materialeinsatzes ermöglichen. Davon ausgehend ist die Kunststoffanwendung für den Zeitraum bis 1985 vorwiegend auf solche Gebiete zu lenken, wo durch Kunststoffe eine Vergütung und der Schutz von Bauteilen und Bauwerken mit hoher Effektivität erreicht wird. Beschichtungen, Dichtungen und Verkleidungen werden somit Vorrang erhalten. Der Einsatz von Plasten und Elasten für Plastkonstruktionen muß auf spezielle Anwendungsfälle beschränkt bleiben.

Die Forschungsarbeiten werden sich u. a. damit auf die Ermittlung des Langzeitverhaltens von Kunststoffen bzw. Baustoffen auf Plast- oder Elastbasis, auf Probleme des Verbundes von Kunststoffen mit anderen Baustoffen und die Erkundung der Anwendung von Erzeugnissen auf der Basis von Sekundärplasten konzentrieren.

1. *Zu einigen wesentlichen Aufgaben*

1.1. Innerhalb der zur Verfügung stehenden Zeit ist es nicht möglich, eine umfassende und tiefgründige Darstellung zu geben. Deshalb möchte ich auf einige Schwerpunkte eingehen.

PVC gehört zu den Polymeren, die im Bauwesen eine Breitenanwendung gefunden haben, und zwar PVC-hart, z. B. für Verkleidungselemente, Fenster, Rohre, Dachentwässerungselemente und sonstige Profile ebenso wie PVC-weich, welches in Form von Folien bevorzugt eingesetzt wird. Für den Außeneinsatz der Produkte auf Basis PVC-h traten häufig Schwierigkeiten und Versagenserscheinungen infolge zu geringer Schlagzähigkeit bei Kälteeinwirkung aber auch Versprödung des Materials aufgrund alterungsbedingter Abbauvorgänge auf. In enger Zusammenarbeit mit der chemischen Industrie wird seit Jahren an der Entwicklung von PVC-schlagzäh-Typen gearbeitet, d. h., die von den Kombinaten der Chemie entwickelten Rezepturvarianten werden vom IfB hinsichtlich ihres Alterungsverhaltens untersucht und anwendungstechnisch erprobt. Es konnte ermittelt werden, daß die Entwicklungsprodukte mit den Modifizierungskomponenten Kautschuk, MBS und ABS zwar zur erhöhten Schlagzähigkeit führten, jedoch nicht die erforderliche Witterungsbeständigkeit besitzen.

Wesentliche Verbesserungen konnten mit Compounds bzw. Pfropfpolymeren unter Einsatz von chloriertem Polyäthylen bzw. Äthylenvinylacetat erzielt werden (Abb. 1). Die durchgeführten Untersuchungen und großtechnischen Erprobungen haben die Kompliziertheit der Entwicklung geeigneter Rezepturen und die Problematik des Langzeitverhaltens danach gefertigter Produkte erwiesen und beson-

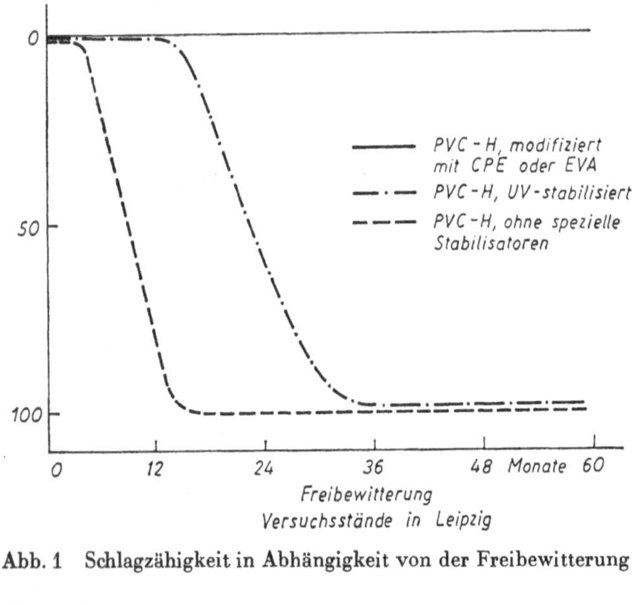

Abb. 1 Schlagzähigkeit in Abhängigkeit von der Freibewitterung

ders die große Abhängigkeit von den Einzelkomponenten solcher PVC-Typen sowie von den Herstellungsverfahren und technologischen Parametern erkennen lassen.

Zu den Untersuchungsschwerpunkten auf dem PVC-Gebiet gehören die Ermittlung der Veränderungen des Aussehens, der mechanischen und der optischen Eigenschaften nach künstlicher und natürlicher Bewitterung. Die Arbeitsergebnisse finden ihren Niederschlag in der laufenden und direkten Beeinflussung der Produktentwicklung sowie in der Zuarbeit zur Standardisierung von PVC-HZ Formmassen und Profilen. Diese Untersuchungen werden jedoch auch dem Ziel der Einsparung von Importen, z. B. Stabilisatoren, gerecht.

Zu den weiteren Forschungsschwerpunkten gehören u. a.

- Untersuchung der Zusammenhänge der Struktur des Polymeren und dessen Eigenschaften sowie deren Beeinflussung durch die Herstellungs- und Verarbeitungsbedingungen.
- Erkundung neuer werkstoffgerechter und stoffspezifischer Einsatzgebiete mit dem Ziel, optimale Materialausnutzung zu erreichen.
- Sicherung einer abgestimmten Entwicklung von Werkstoff, Verfahren und Technologie, mit dem Ziel der Material- und Energieeinsparung.
- Entwicklung und Vervollkommnung aussagekräftiger, in ihrem Anwendungsbereichen definierter Meß- und Prüfverfahren zur Ermittlung von Strukturkennwerten, Eigenschaftsparametern und Gebrauchs- bzw. Einsatzkenngrößen.

1.2. Zu einer wichtigen Aufgabe im Wohnungsbau gehört die Flächendichtung der WBS 70 Dachplatten. Die Stahlbetonmontagebauweise hat neue Probleme der Dachdichtung aufgebracht. Die zur Verfügung stehenden Dichtungsmaterialien gehören zu Stoffgruppen, die grundsätzlich durch Freibewitterung geschädigt werden.

Als zusätzliche Forderung der Baubetriebe wurde erhoben, Stoffe einzusetzen, die sich in die Vorfertigung der Stahlbetondachkassettenplatten eintakten lassen und durch nachfolgende Lager-, Transport- und Montageprozesse nicht geschädigt werden. Unter Beachtung verschiedenster Forderungen und Bedingungen wurden PUR-Coatings für derartige Dachdichtungen ausgewählt. Die dazu eingeleiteten Alterungsuntersuchungen wurden nach 5jähriger Forschung im IfB abgeschlossen. Im Ergebnis konnte ein begrenztes Langzeitverhalten ermittelt werden. Untersucht wurden verschiedene PUR-Systeme vom SWS. Als das noch geeignetste erwies sich V 8411. Im wesentlichen bestätigte sich die nicht unbeachtliche Wirkung der Hydrolysevorgänge, der Wasser/Cyanat-Reaktion und die Oxydationsempfindlichkeit dieser MDI/Polyäthersysteme von Schwarzheide.

So konnten u. a. folgende Erkenntnisse gewonnen werden:

- Mit zunehmender Freibewitterungsdauer nahmen die Fähigkeit der Wasseraufnahme der Beschichtung zu (Abb. 2),
- der Haftverbund mit Beton ist ungenügend und die Haftfestigkeit verringerte sich zeitabhängig beachtlich (Abb. 3),

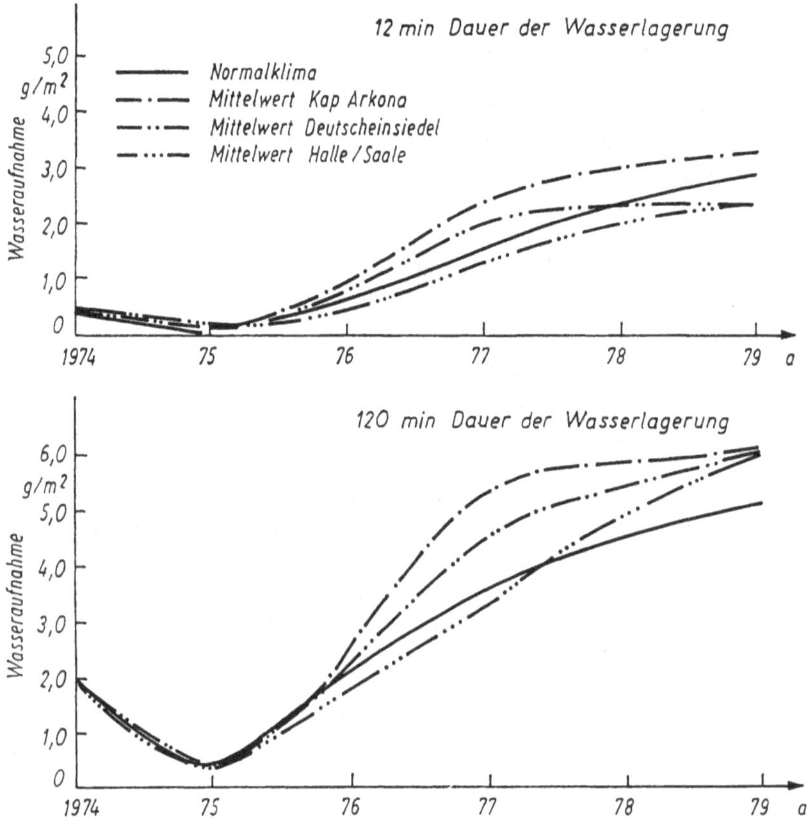

Abb. 2 Wasseraufnahme von SYS pur V 8411 nach Wasserlagerung

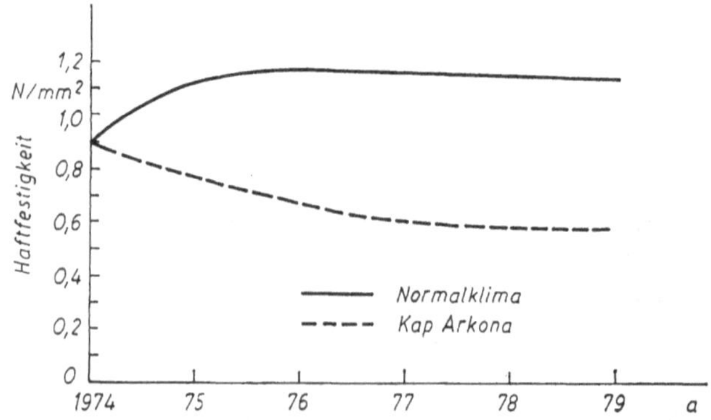

Abb. 3 Darstellung des Haftfestigkeitsverhaltens von SYS pur V 8411

— infolge Freibewitterung tritt eine Versprödung des Materials ein. Insbesondere nimmt die Reißdehnung im 1. Jahr ab (Abb. 4, Abb. 5 — Abrieb).
— Dort, wo die Haftung von Anfang an ungenügend ist, treten infolge der Einwirkung von Feuchtigkeit und Versprödung Ablösungen auf. An Flächen ursprünglich guter Haftung bewirken Versprödungseffekte zunächst Rissebildung in der Oberfläche. Im weiteren Verlauf kann es dann zu durchgehenden Rissen und Ablösung vom Betonuntergrund kommen.
— Messungen der Zugfestigkeitsentwicklung bei Wasser- und Calciumhydroxidlösungsbeanspruchung ergaben in relativ kurzer Zeit wesentliche Festigkeitsänderungen (Abb. 6).

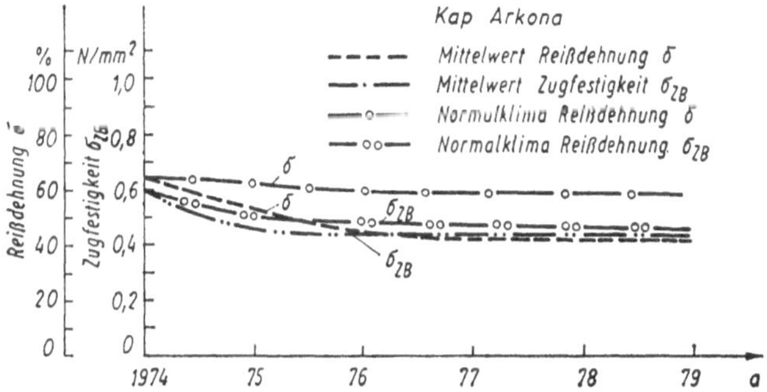

Abb. 4 Zugfestigkeits- und Reißdehnungsverhalten von SYS pur V 8411 nach Seeklimalagerung

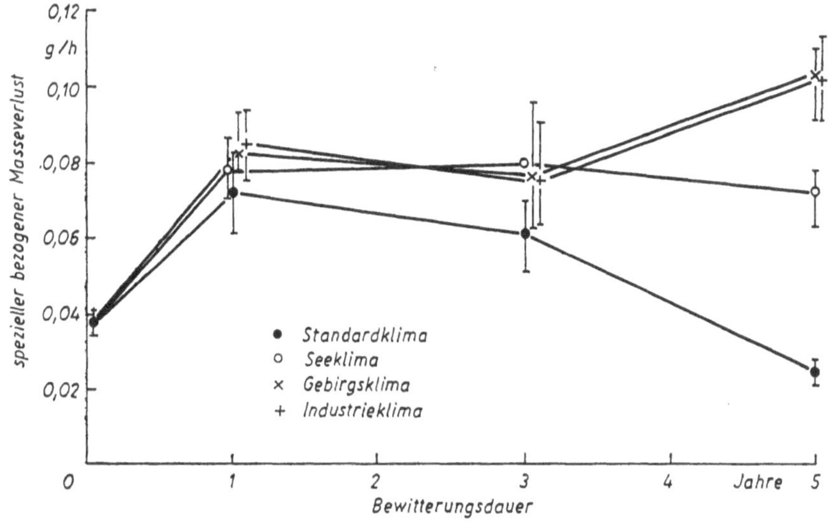

Abb. 5 **Abrieb von V 8411**, in Abhängigkeit von Bewitterungsdauer und Klima

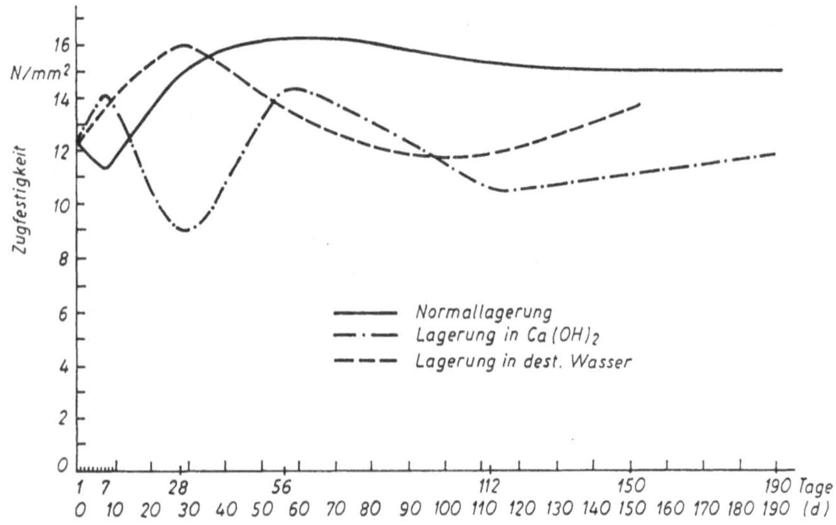

Abb. 6 SYS pur V 8411 (ungefüllt)

— Durch Nichteinhaltung des Mischungsverhältnisses MDJ/Polyol erzeugter Härterüberschuß bewirkt beschleunigtes Altern und Ablösen vom Betonuntergrund

Da parallel zu den Alterungsuntersuchungen bereits die Produktion und Nutzung der beschichteten Dachkassettenplatten erfolgte, konnten aus den Untersuchungen des Produktionsprozesses und der Beobachtung des Langzeitverhaltens der Beschichtung wertvolle Erkenntnisse gewonnen werden. Dazu gehören u. a.:

— prinzipiell bestätigten sich die unter Laborbedingungen gewonnenen Erkenntnisse.
— Die Qualität der PUR-Beschichtungsmassen war unterschiedlich, besonders die Dichte der Polyolkomponente.
— Es besteht eine beachtliche Abhängigkeit der Verbundwirkung von der Qualität der Betonplatten.
— Die Einhaltung der erforderlichen Produktionsbedingungen, z. B. Oberflächenbeschaffenheit der Betonplatten und deren Feuchtegehalt, bereiten in den Plattenwerken große Schwierigkeiten.
— Eine Beschichtung der Platten unter Baustellenbedingungen führt zu erheblichen Schäden.

Zusammenfassend müßte zum Langzeitverhalten eingeschätzt werden, daß PUR-Coatings der derzeitigen Produktion für den Einsatz unter den möglichen Bedingungen des Bauwesens sehr empfindlich sind und selbst bei Einhaltung der vorgeschriebenen Verarbeitungsbedingungen nur mit einer Nutzungsdauer von etwa 8—12 Jahren gerechnet werden kann.

Aus den gewonnenen Ergebnissen der Untersuchungen und der großtechnischen Anwendung müssen im wesentlichen folgende Schlußfolgerungen abgeleitet werden:

- Erhöhung der Qualitätskontrolle beim SWS
- Sicherung einer hohen Qualität der Beton-Dachkassettenplatten in den Baukombinaten, besonders durch Einsatz von Nachtrocknungsanlagen zwecks Verringerung des Feuchtegehaltes auf $< 3\%$ (Masse).
- Beschränkung des Einsatzes von PUR-Coatings auf stationäre Produktionsprozesse.
- Die Entwicklung von isocyanatfreiem PUR sollte seitens der Chemischen Industrie vorgenommen werden.

1.3. Zu weiteren Aufgaben gehören Untersuchungen des Langzeitverhaltens bei Einwirkung chemischer Substanzen.

So wurden Auskleidungs- bzw. Beschichtungssysteme für Beanspruchung durch hocharomatenhaltige Vergaserkraftstoffe untersucht. Andere Themen sind die Prüfung des Verhaltens von Thermoplastfolien und -tafeln unter Einwirkung von Gülle und Silage.

Interessant dürfte sein, daß sich immer wieder die Zeitabhängigkeit der Stoffänderungen bestätigt. So ergaben Messungen der Permeationsströme von Sonder-VK in GFP-Material nach 2jähriger Beanspruchungsdauer Größen, die im Meßfehlerbereich lagen, jedoch nach 3 Jahren ergab sich ein gravierender Anstieg der Permeationswerte.

Die Abteilung Kunststoffe des IfB verfügt über verschiedenste Prüf- und Meßanlagen zur Messung von Festigkeitskennwerten. Ergänzt wird die Ausrüstung durch neue Anlagen zur Messung der Permeation, der Farbänderung, der Dichtigkeit von Fugendichtungen unter dynamischer Belastung sowie zur Durchführung infrarotspektrometrischer Untersuchungen an Polymeren. Diese Ausrüstungen sind auf anwendungstechnische Untersuchungen ausgelegt. Ein Problem besteht darin, daß eine ständige Verbindung zur theoretischen Forschung fehlt.

Es sei mir hier gestattet, folgende prinzipielle Schlußfolgerungen vorzutragen:

- Wir halten eine engere Zusammenarbeit mit der Akademie der Wissenschaften auf dem Gebiete der Alterungsforschung für erforderlich. Insbesondere vertreten wir den Standpunkt, daß seitens der AdW die theoretischen Probleme des stofflichen Alterungsverhaltens verstärkter bearbeitet werden sollten. Wir sind sogar der Meinung, daß die Federführung auf dem Gebiete der Alterungsforschung bei der AdW liegen sollte.
- Wie im Falle der Zusammenarbeit mit den Kombinaten der chemischen Industrie auf dem Gebiete PVC-schlagzäh die von uns ermittelten Ergebnisse zu einer ständigen Produktverbesserung beitragen, so muß das künftig in verstärktem Maße mit allen anderen Kunststoffproduzenten zu solcher selbstverständlichen Form der Zusammenarbeit führen.

- Die durch die Alterungsuntersuchungen gewonnenen Erkenntnisse sollten in den Standards der Produkthersteller ebenso wie der Verarbeiter Aufnahme finden. Ebenso sollten aus diesen Ergebnissen im erforderlichen Maße Einsatzbeschränkungen oder Einsatzrichtlinien abgeleitet werden.
- Kunststoffe im Bauwesen erfüllen im Regelfalle die an ein Bauwerk bzw. Bauteil gestellten Anforderungen nur dann zufriedenstellend, wenn eine Nutzungsdauer von $>$ 15 Jahren erreicht werden kann. Vergleicht man diese Zeit mit der Standzeit eines Bauwerkes, so wird in jedem Falle eine Reparatur der der Kunststoffmaterialien erforderlich werden. Es wird folglich der Reparaturfreundlichkeit von Kunststoffen im Bauwesen eine größere Bedeutung als bisher zugemessen werden müssen.

  Diese Kriterien, Langzeitverhalten und Reparaturfreundlichkeit bzw. Reparaturaufwand, nehmen letztlich bestimmenden Einfluß auf die Ökonomie der Kunststoffanwendung und damit auf die Entscheidung, ob Kunststoffe im Bauwesen eingesetzt werden oder nicht.
- Die chemische Industrie als Kunststoffhersteller muß mehr als bisher den spezifischen Anforderungen und Bedingungen des Bauwesens dadurch Rechnung tragen, daß zielgerichtete Produkte für die Anwendung im Bauwesen entwickelt und produziert werden.

2. *Zu einigen Fragen zum Einsatz von Sekundärplasten*

Wir vertreten durchaus den Standpunkt, daß künftig auch für Zwecke des Bauwesens Werkstoffe aus/oder unter Verwendung von Sekundärplasten für bestimmte Anwendungsfälle zum Einsatz kommen können.

Damit verbinden sich jedoch einige Probleme, die einer Lösung zuzuführen sind. Dazu gehören u. a. die Berücksichtigung der zu erwartenden großen Streuung der Eigenschaftskennwerte in den Staatlichen Standards und Vorschriften sowie die Qualitätsbestimmung und die Garantievereinbarung im Vergleich zu Standardprodukten aus der Erstproduktion. Untersuchungen des Langzeitverhaltens unter der vorgesehenen Belastung bzw. Beanspruchung der Produkte werden erforderlich.

Unter Beachtung des vorgenannten werden wir die Anwendungsmöglichkeiten solcher Erzeugnisse im Bauwesen ernsthaft prüfen. So interessierten wir uns z. B. für aus Folieabfällen nach einem ungarischen Verfahren hergestellte Platten, genannt Temizol. Diese könnten nach ersten Vorstellungen als Dämmstoff Verwendung finden.

Ebenso möchten wir Plattenmaterial näherer Anwendungsbegutachtung unterziehen, daß nach einem vom Institut für Leichtbau und ökonomische Materialverwendung (IfL) entwickelten Formschmelzverfahren hergestellt wird.

Einsatzmöglichkeiten von Erzeugnissen aus Sekundärplasten sehen wir z. B. für Schall- und Wärmedämmung, als Material für Filterschichten, für Abdeckungen, Verkleidungen u. ä. Das Bauwesen ist jedoch nicht in der Lage, technologische Forschungen auf dem Gebiete der Erzeugnisherstellung vorzunehmen. Es wäre nach unserer Auffassung grundsätzlich auch nicht ökonomisch vertretbar, im Bauwesen entsprechende Produktionskapazitäten zu errichten. Derartige Anlagen sollten im Bereich der Plastverarbeitung installiert werden, da die Plastabfallverwertung eine zentrale Erfassung der Abfälle bedingt und eine rationelle Fertigung nur dann erreicht wird, wenn die Erfahrungen und Erkenntnisse konzentriert durch wenige Produktionsstätten verwertet werden, zumal sicher derartige Erzeugnisse nicht nur für das Bauwesen, sondern für mehrere Industriezweige Anwendung finden werden.

Literatur

Muth, Th.: Ausgewählte Probleme zum Alterungsverhalten von PVC-H und PVC-HZ. (Artikel wird voraussichtlich in der Bauzeitung erscheinen.)

Raab, J. u. Reuss, S.: Alterungsverhalten von SYS pur-Vergußmassen. Zeitschrift Bauplanung-Bautechnik, Heft 4, 1980.

FSC
www.fsc.org
MIX
Papier | Fördert gute Waldnutzung
FSC® C083411

Kolibri 360 GmbH
Ferdinand-Jühlke-Straße 7
99095 Erfurt, Deutschland
produktsicherheit@kolibri360.de